大科学家讲小科普

火箭进入太空后速度会有变化

匡廷云 黄春辉 高 颖 郭红卫 张顺燕 主编

吕忠平 绘

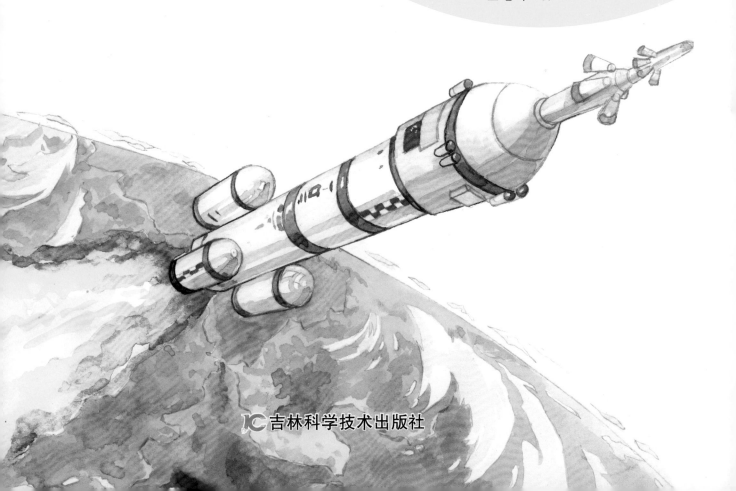

吉林科学技术出版社

图书在版编目（CIP）数据

火箭进入太空后速度会有变化/匡廷云等主编. —
长春：吉林科学技术出版社，2021.3
（大科学家讲小科普）
ISBN 978-7-5578-5151-4

Ⅰ.①火… Ⅱ.①匡… Ⅲ.①航天－青少年读物
Ⅳ.①V4-49

中国版本图书馆CIP数据核字(2018)第231220号

大科学家讲小科普　火箭进入太空后速度会有变化
DA KEXUEJIA JIANG XIAO KEPU　HUOJIAN JINRU TAIKONG HOU SUDU HUI YOU BIANHUA

主　　编	匡廷云　黄春辉　高　颖　郭红卫　张顺燕
绘　　者	吕忠平
出 版 人	宛　霞
责任编辑	端金香　李思言
助理编辑	刘凌含　郑宏宇
制　　版	长春美印图文设计有限公司
封面设计	长春美印图文设计有限公司
幅面尺寸	210 mm × 280 mm
开　　本	16
字　　数	100千字
印　　张	5
印　　数	1~6 000册
版　　次	2022年11月第1版
印　　次	2022年11月第1次印刷

出　　版	吉林科学技术出版社
发　　行	吉林科学技术出版社
地　　址	长春市福祉大路5788号出版集团A座
邮　　编	130118
发行部电话/传真	0431-81629529　81629530　81629531
	81629532　81629533　81629534
储运部电话	0431-86059116
编辑部电话	0431-81629516
印　　刷	吉广控股有限公司

书　　号	ISBN 978-7-5578-5151-4
定　　价	68.00元

序

　　本系列图书的编撰基于"学习源于好奇心"的科普理念。孩子学习的兴趣需要培养和引导，书中采用的语言是启发式的、引导式的，读后使孩子豁然开朗。图文并茂是孩子学习科学知识较有效的形式。新颖的问题能极大地调动孩子阅读、思考的兴趣。兼顾科学理论的同时，注重观察与动手动脑，这和常规灌输式的教学方法是完全不同的。观赏生动有趣的精细插画，犹如让孩子亲临大自然；利用剖面、透视等绘画技巧，能让孩子领略万物的精巧神奇；仔细观察平时无法看到的物体内部结构，能够激发孩子持续探索的兴趣。

　　"授之以鱼不如授之以渔"，在向孩子传授知识的同时，还要教会他们探索的方法，培养他们独立思考的能力，这才是完美的教学方式。每一个新问题的答案都可能是孩子成长之路上一艘通往梦想的帆船，愿孩子在平时的生活中发现科学的伟大与魅力，在知识的广阔天地里自由翱翔！愿有趣的知识、科学的智慧伴随孩子健康、快乐地成长！

前　言

　　植物如何利用阳光制造养分？鱼会放屁吗？有能向前走的螃蟹吗？什么动物会发出枪响似的声音？什么植物会吃昆虫？哪种植物的叶子能托起一个人？核反应堆内部发生了什么？为什么宇航员在进行太空飞行前不能吃豆子？细胞长什么样？孩子总会向我们提出令人意想不到的问题。他们对新事物抱有强烈的好奇心，善于寻找有趣的问题并思考答案。他们拥有不同的观点，互相碰撞，对各种假说进行推论。科学家培根曾经说过"好奇心是孩子智慧的嫩芽"，孩子对世界的认识是从好奇开始的，强烈的好奇心会激发孩子的求知欲，对创造性思维与想象力的形成具有十分重要的意义。"大科学家讲小科普"系列的可贵之处在于，它把看似简单的科学问题以轻松幽默的方式阐释，既颠覆了传统说教式教育，又轻而易举地触发了孩子的求知欲望。

本套丛书以多元且全新的科学主题、贴近生活的语言表达方式、实用的手绘插图……让孩子感受科学的魅力，全面激发想象力。每册图书都会充分激发他们的好奇心和探索欲，鼓励孩子动手探索、亲身体验，让孩子不但知道"是什么"，而且还知道"为什么"，以非常具有吸引力的内容捕获孩子的内心，并激发孩子探求科学知识的兴趣。

目 录

目　录

第 **1** 节　能带人上太空的神器

▶ 每个人都想飞上天

　　人们一直梦想能在太空中旅行，欣赏宇宙的奇观，探索宇宙的奥秘。20 世纪，一批宇航员成为了太空航行的先锋。今天科学家已成功利用火箭将航天器带入宇宙中，人类进入了全民大航天的时代。

⊞扫码领取

⊘ 科学实验室
⊘ 科学小知识
⊘ 科学展示圈
⊘ 每日阅读打卡

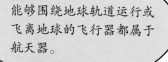

能够围绕地球轨道运行或飞离地球的飞行器都属于航天器。

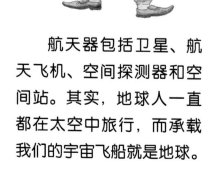

　　航天器包括卫星、航天飞机、空间探测器和空间站。其实，地球人一直都在太空中旅行，而承载我们的宇宙飞船就是地球。

▶ 火箭的发明者是中国人

所有的航天器都得靠火箭运送上天。最早的火箭是由中国人发明的，中国古代的科学家运用火药燃烧的反作用力原理制作了火箭，这就是现代火箭的雏形。

▶ 火箭上天靠什么

地球的万有引力把一切物体牢牢地稳固在地球上，要想克服万有引力飞向太空，就必须利用作用力与反作用力，在火箭的"屁股"上装上燃料，把航天器推上天。

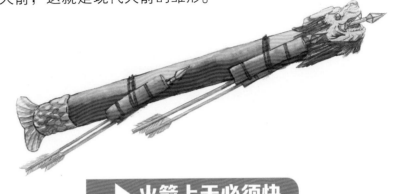

▶ 火箭上天必须快

火箭的飞行速度必须超过每秒11千米才能脱离地球的引力，飞向太空。为了让速度更快，火箭质量和燃料的计算必须非常精确，而火箭的分次脱离也是为了减轻质量加速推进。

每秒 11 千米到底有多快？

大约是火箭飞行的速度的高速列车的100倍。

▶ 在半空中发射的火箭

在飞机上发射火箭，利用飞机在高空的高度和速度，使火箭的运载能力大大提高。空中发射能在地球上空任何地点进行，节省了准备场地和辅助器具的时间，而且，空中发射的成本仅为同规模的地面发射的一半，所以各国都看好这种发射方式。

▶ 怎样才算到了太空

火箭飞到卡门线外，就等于脱离地球大气层，到达太空了。卡门线的高度为地表线上 100 千米，这是国际航空联合会定义的大气层和太空的标准界线。

在空中发射，能省一大半的事。

卡门线

▶ 肚皮朝上花式飞行

航天飞机可以用任何姿态飞行，像鱼一样随意翻身是一种聪明的调节航行温度的方法。在轨道上航行时，白天的阳光温度高达 121℃，到了晚上气温又骤降至 -94℃。巨大的温差会损害机壳，严重时甚至导致机壳变形。

热胀冷缩的危害非常大。

为了把这种损害减至最小，在没有特殊任务的时候，航天飞机让机壳朝向地球飞行，能够有效调温。而且，宇航员用前舱顶部的两个窗户观察地球，就更方便了。

121℃，肯定能把我给烤化了。

▶ 航天飞机居然不需要驾驶

　　航天飞机是无人驾驶的，它一旦进入轨道，就会在地心引力的作用下进行循环的轨道飞行，自动控制系统会调整飞行高度。所以，在航天飞机进入轨道以后，全体机组人员就可以自由自在地干自己的事去了。

▶ 和火箭一起颤抖

　　当倒计时结束，火箭逐步加速，压力会快速增大。尤其是在上升到三四十千米的高度时，压力会让火箭急剧抖动，宇航员也会一起颤动，这种共振能让人浑身的骨头都跟着颤动起来，直到航天飞机容器脱落时才会减弱。

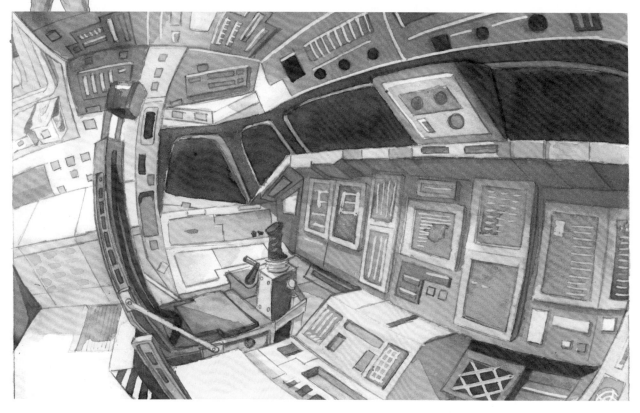

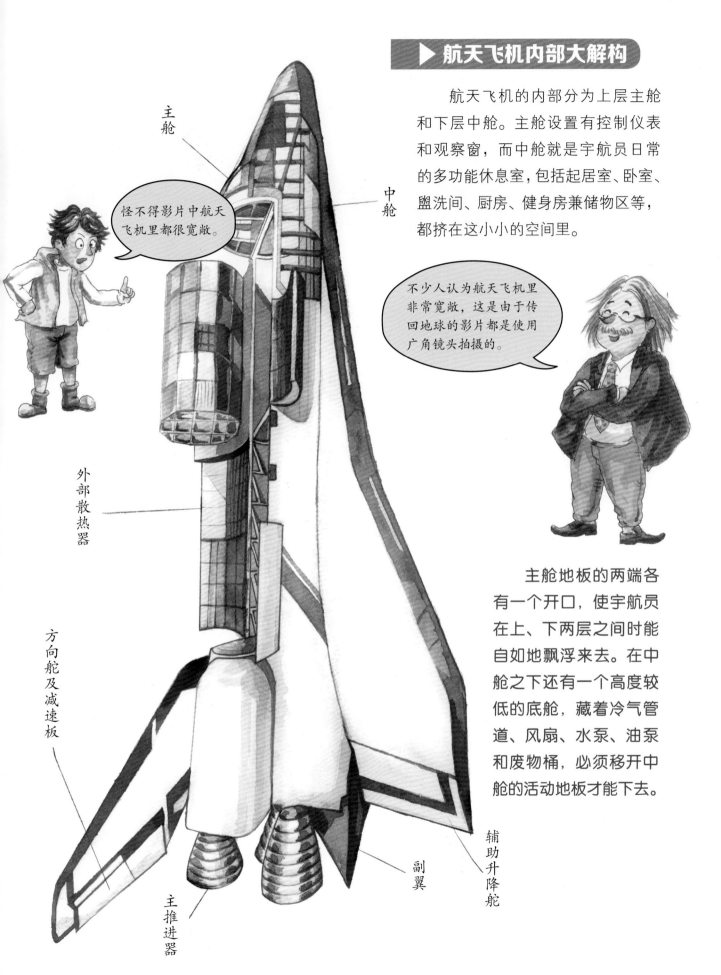

航天飞机的内部分为上层主舱和下层中舱。主舱设置有控制仪表和观察窗，而中舱就是宇航员日常的多功能休息室，包括起居室、卧室、盥洗间、厨房、健身房兼储物区等，都挤在这小小的空间里。

主舱

中舱

怪不得影片中航天飞机里都很宽敞。

不少人认为航天飞机里非常宽敞，这是由于传回地球的影片都是使用广角镜头拍摄的。

外部散热器

主舱地板的两端各有一个开口，使宇航员在上、下两层之间时能自如地飘浮来去。在中舱之下还有一个高度较低的底舱，藏着冷气管道、风扇、水泵、油泵和废物桶，必须移开中舱的活动地板才能下去。

方向舵及减速板

辅助升降舵

副翼

主推进器

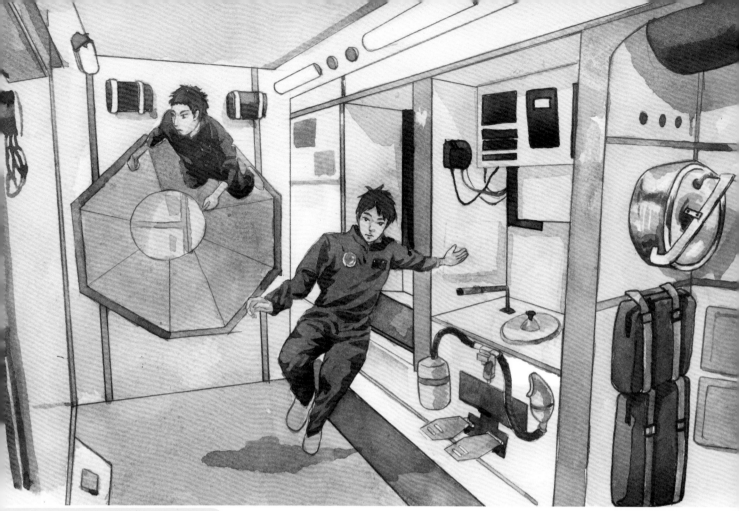

▶ 魔术大空间

　　整个中舱面积约 9 平方米，可能要容纳 5 个以上的伙伴一起生活 2 周。其中一人在上厕所的时候，其他的人很有可能在离他一两米的地方进餐或是睡觉，隐私几乎是不存在的。

　　在失重环境里，宇航员完全可以去机舱里的任何一个角落，2.3 米高的天花板空间也可以利用起来，所以小小的机舱仿佛被魔法放大了，其实并不拥挤。

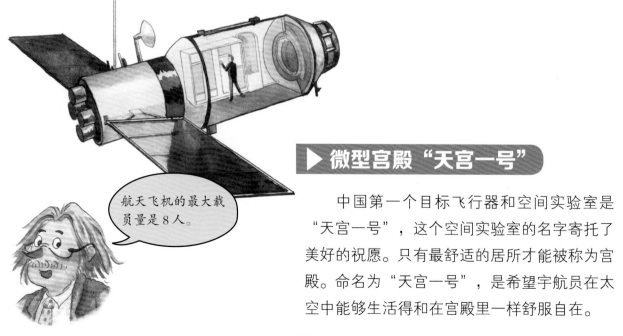

航天飞机的最大载员量是 8 人。

▶ 微型宫殿"天宫一号"

　　中国第一个目标飞行器和空间实验室是"天宫一号"，这个空间实验室的名字寄托了美好的祝愿。只有最舒适的居所才能被称为宫殿。命名为"天宫一号"，是希望宇航员在太空中能够生活得和在宫殿里一样舒服自在。

▶ 太空走廊——气闸舱

宇航员进行太空行走前需要先走出航天飞机,这时就要通过航天飞机的走廊——气闸舱。气闸舱是位于航天飞机与外太空之间的一个舱室,是压力不同的两个空间之间的连接口。气闸舱的两边装有两扇不透气的门,这样就能防止航天飞机里的空气流失过多。

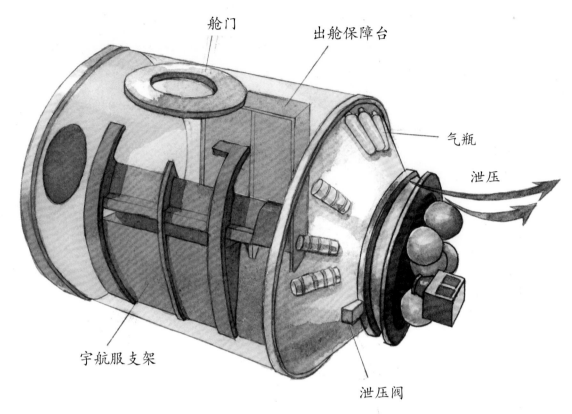

舱门

出舱保障台

气瓶

泄压

宇航服支架

泄压阀

宇航员进入底舱的气闸舱前会先穿好宇航服,然后关上内舱门。接下来需要做的是放掉气闸舱内的空气,飘到载物舱,从那里进入太空。结束太空行走的时候,需要经由载物舱进入气闸舱,让气闸舱充满空气,再进入内舱,脱掉宇航服。

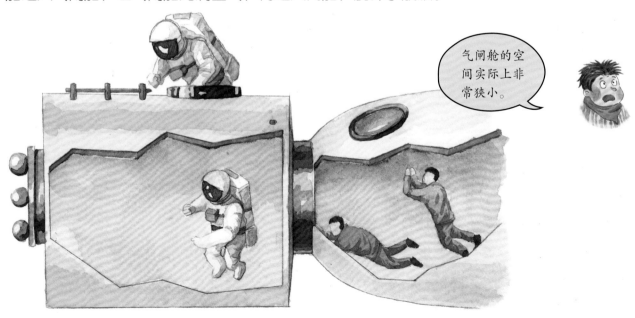

气闸舱的空间实际上非常狭小。

▶ 空间站是太空堡垒的雏形

为了方便宇航员长久地停留在太空中做研究，人类在宇宙中设立了一个可供宇航员生活与工作的"家"——空间站。这也是为未来人类漫长的载人星际航行和向外星移民做准备。

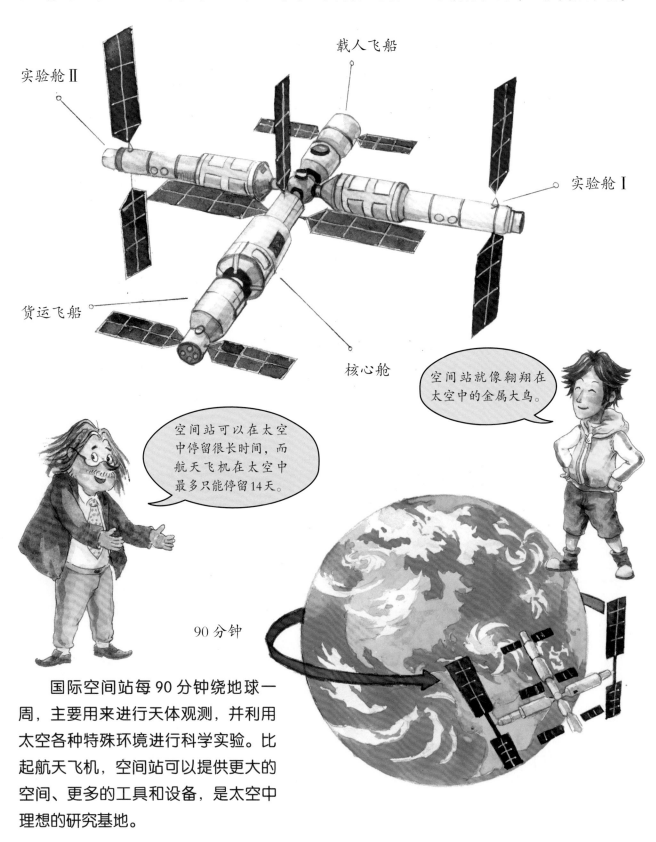

实验舱Ⅱ

载人飞船

实验舱Ⅰ

货运飞船

核心舱

空间站就像翱翔在太空中的金属大鸟。

空间站可以在太空中停留很长时间，而航天飞机在太空中最多只能停留14天。

90分钟

国际空间站每90分钟绕地球一周，主要用来进行天体观测，并利用太空各种特殊环境进行科学实验。比起航天飞机，空间站可以提供更大的空间、更多的工具和设备，是太空中理想的研究基地。

20 世纪 70 年代，苏联和美国开始向太空发射空间站。空间站比航天飞机大得多，伸展开来差不多有一个足球场那么大，生活区如大型客机般大小。当太阳能电池阵展开时，这个大型的人造物体飘浮在太空中的景象十分壮观。

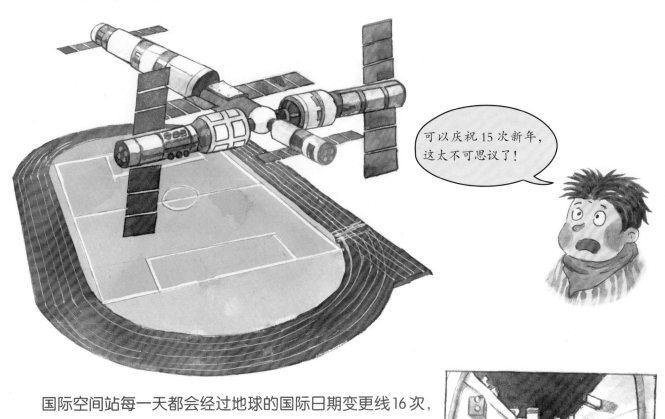

可以庆祝 15 次新年，这太不可思议了！

国际空间站每一天都会经过地球的国际日期变更线16次，所以理论上来说，空间站的宇航员每年可以过 15 次新年，而且还会有 14 次从新年重返旧年的特别时刻。

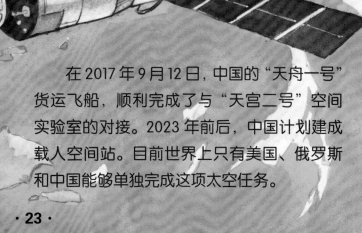

在 2017 年 9 月 12 日，中国的"天舟一号"货运飞船，顺利完成了与"天宫二号"空间实验室的对接。2023 年前后，中国计划建成载人空间站。目前世界上只有美国、俄罗斯和中国能够单独完成这项太空任务。

▶ 宇宙的炼金术

　　宇宙空间有着地面实验室稀缺的四大条件：无空气、无灰尘、−270℃的低温，以及绝无仅有的零重力环境。许多材料在太空中会发生特殊的变化，从而生成在地球上无法得到的新型材料。

据研究，晶体在宇宙中生长得特别大，瑕疵也小，尤其是蛋白质晶体。

　　随着科技的发展，科学家已经实现在太空用新的生产加工方法，冶炼全新的合金，制造质地纯净的玻璃，提炼合成新的化学药物，等等。所以，现在的科研人员非常热衷于研究如何能够在航天飞机以及空间站展开各种实验项目。

▶ 用空气捕获彗星粒子

科学家研发了一种气凝胶，专门用于收集彗星的尘埃样品，并带回地球以供分析研究。朦胧透明的气凝胶中有99.8%是空气，可以完好地收集高速飞行的彗星粒子。

二氧化硅结构图

▶ 到月球上挖矿

科学家发现，月球上拥有极其稀有的氦元素沉积物。只要建造了月球基地，就能开采这种珍贵的物质，以此作为地球上的核燃料。

第 2 节 翱翔在宇宙中的"快递员"

▶ 人类创造的星星

人类创造的星星是指人造卫星。这些卫星都是用火箭发射到太空的，它们可以摆脱地球的引力，按一定的轨道绕地球运行。如今在大气层外的宇宙空间里，已经有数千颗人造卫星在围绕着地球旋转了。

我们能够看到世界各地的电视节目全靠卫星。

人造卫星可以划分为通信卫星、气象卫星、地球资源卫星、天文研究卫星等。

元宇宙图书时代已到来
快来加入XR科学世界！
见此图标 微信扫码

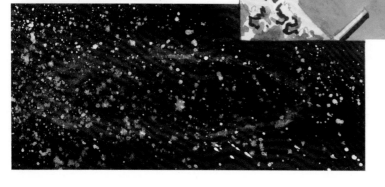

卫星有许多功能，不但可以用于通信，还可以预报气象和寻找石油与矿藏，甚至可以当间谍，窥视别国的军事基地。它还可以转播电视节目、探索其他星球等。

▶ 人造卫星也危险

太空中有许多人造卫星，它们在不同高度的轨道上飞行。一旦它们遭到撞击，或是出了故障，就可能变成太空垃圾，危及其他卫星，或是坠向地球，造成不必要的灾难。

人造卫星失控时，地面专家要马上分析故障，通过卫星自带程序发出指令进行修复；或者派出维修机器人，在维修的同时添加燃料提供动力；或是让宇航员出舱去修理它。有时根据需要甚至要发射导弹，把它炸个粉碎。

▶ 孤身流浪在宇宙中的旅行者

1977 年，美国宇航局发射了两颗无人外太阳系空间探测器"旅行者"号，它携带着一整套记录地球上各种具有代表意义的声音和图片进入太空，向外星生命发送"地球名片"。它们开启了人类探索外太空的新旅程。

这张唱片经过特殊处理，保证有 10 亿年的使用期。

我也想录制一张太空唱片，与外星人打招呼。

听说，"旅行者 1 号"需要 4 万年的时间才能抵达下一个恒星系。

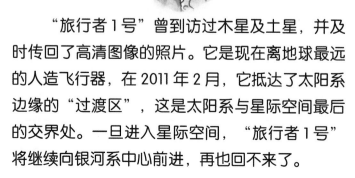

"旅行者 1 号"曾到访过木星及土星，并及时传回了高清图像的照片。它是现在离地球最远的人造飞行器，在 2011 年 2 月，它抵达了太阳系边缘的"过渡区"，这是太阳系与星际空间最后的交界处。一旦进入星际空间，"旅行者 1 号"将继续向银河系中心前进，再也回不来了。

▶ 与土星共舞的小卡西尼

卡西尼·惠更斯号土星探测器是由 17 个国家的科学家呕心沥血制造的，这个为土星而生的探测器，携带了 27 种科学仪器，准备在土星上大显身手。

卡西尼，永别了！我们不会忘了你的！

惠更斯号探测器成功登陆了土星最大的卫星——土卫六，在服役期间，探测器总共发现了 7 颗绕行土星的新卫星。

"太空老兵"惠更斯号探测器在宇宙里"孤身奋战"了 20 年后燃料已近耗竭。为了避免失去动力不受控制而撞向可能有生命的土星卫星，科学家给它设定了自我毁灭的任务。最后它冲入土星大气层燃烧分解，为了保护宇宙中的潜在生命而自我终结。

▶ 跟着侦察兵哈勃去看宇宙

在 20 世纪 90 年代初，美国用航天飞机把口径 2.4 米的哈勃望远镜送入太空。这个光学望远镜在太空中遨游了多年，为人类捕捉了大量宇宙照片。另外，哈勃望远镜还对太阳系外的星系进行了观测，取得了许多令人们意想不到的成果。

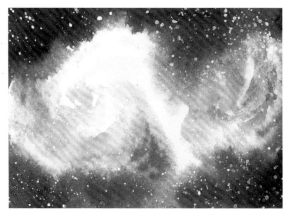

哈勃空间望远镜的位置高于地球的大气层，所以它拍摄到的影像不会受到气流和折射光的影响。多年来，它拍摄到超新星爆发、星球吞噬等种种珍贵无比的照片，是天文史上最重要的仪器之一。

哈勃望远镜为我们拍了数不清的、瑰丽的宇宙照片。

▶ 会发电的"天眼"长在地面

　　射电望远镜是一种用来测量从天空中各个方向发来的射电能量的天文仪器。与其称它为望远镜，倒不如说是雷达接收天线。用一般望远镜只能看到可见光现象，而射电望远镜则可以观测到天体的射电现象，具有发现类星体、脉冲星、星际有机分子和微波背景辐射的作用。

射电望远镜每秒钟发出的射电能量要比太阳每秒钟发出的能量强 1 亿亿倍以上。

　　现在世界上最大的射电望远镜，是被誉为"中国天眼"的单口径射电望远镜——500 米口径球面射电望远镜（简称 FAST），面积足足有 5 个足球场那么大，真可谓庞然大物。

人们建立了各种天文台来研究与航天相关的科学，有一些神秘的天文研究机构深藏地底。在美国南达科他州有一个深入地底 1 478.28 米的天文台，坐落在霍姆斯特克金矿巨大的洞穴里。科学家在这里研究宇宙空间下降的波浪和粒子。

> 各国科学家利用各种先进仪器，在地下深处夜以继日地追寻着暗物质的踪迹。

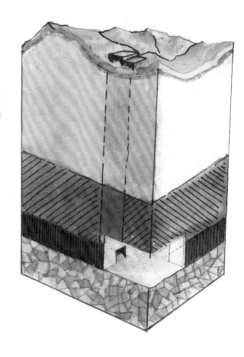

南美科学家正试图在安第斯山脉下建一个地下实验室，这个实验室将被命名为"阿瓜内格拉深度实验场"，用于寻找暗物质。这是南半球极少数的中微子观测台之一。科学家可以在这里了解中微子与地球相互作用的方式。

瑞士的大型强子对撞机造价 40 亿美元，是当今世上最先进的研究机器之一。机器将尝试通过以每秒 8 亿次的频率让质子束对撞，碰撞的质子束将产生许多新粒子，同时可能在瞬间模拟宇宙大爆炸之初的情景。

第 3 节　人类的征途是星辰大海

▶ 3D 打印的月球基地

　　欧洲航天局已经准备在月球上兴建首个人类月球基地。这个基地的建筑工人全是机器人，建筑材料就地取材，全部来自月壤。地球人只需要往月球运送一架超大的3D打印机就可以了，科学家将采用先进的3D打印技术，用月壤"打印"出可以居住的"圆顶屋"。

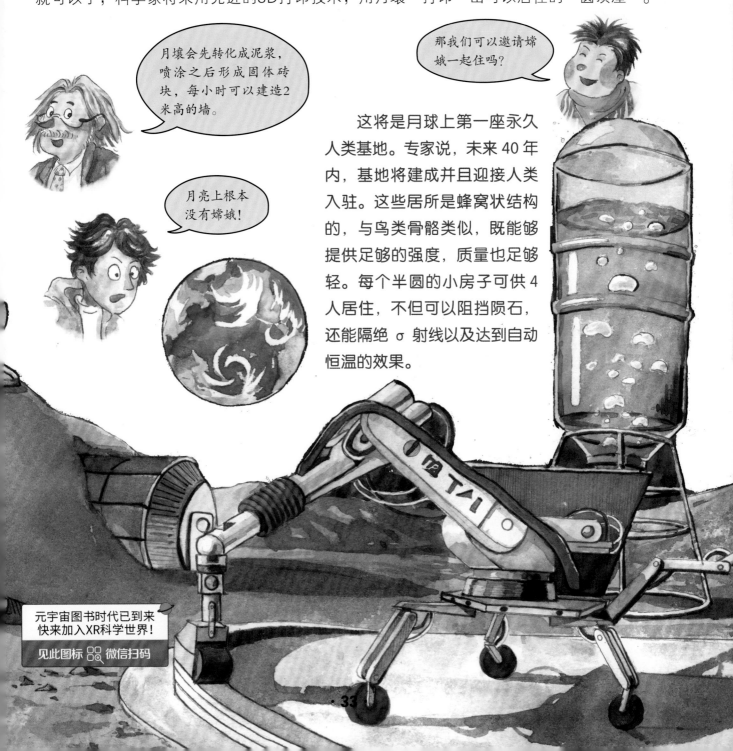

月壤会先转化成泥浆，喷涂之后形成固体砖块，每小时可以建造2米高的墙。

那我们可以邀请嫦娥一起住吗？

月亮上根本没有嫦娥！

　　这将是月球上第一座永久人类基地。专家说，未来40年内，基地将建成并且迎接人类入驻。这些居所是蜂窝状结构的，与鸟类骨骼类似，既能够提供足够的强度，质量也足够轻。每个半圆的小房子可供4人居住，不但可以阻挡陨石，还能隔绝 σ 射线以及达到自动恒温的效果。

元宇宙图书时代已到来
快来加入XR科学世界！
见此图标 微信扫码

· 33 ·

▶ 火星上的土豆育苗基地

科学家长久以来都在探索其他星体能否生长植物，并曾提出发酵人类的排泄物来进行种植的设想。但在几年前，他们发现火星的土壤之中存在一种非常好的肥料——硝酸盐，这是植物生长过程中所需的肥料。所以，在这个星体上面进行种植是不需要自制肥料的。

种植必然需要水源，火星表面是大量沙丘和砾石，缺乏稳定的液态水。科学家寄望于从地表下提取水分，或者直接从空气中提取水分，以供应这些植物生长。据说火星特别适合种植土豆之类的植物。

火星原本就有着稀薄的大气层。如果在火星上种植植物，在吸收太阳光能量后，植物将那里原本存在的大量二氧化碳转化为氧气，会逐渐把这个星球改造成一个适宜人类居住的地方。恐怕在不久的将来，我们就能收获来自火星的土豆了。

▶ 一起去做火星人

美国航空航天局在2009年已经将登陆器送上火星，计划于2031年进行载人登陆。欧洲、俄罗斯和中国都规划好在未来要对火星一探究竟。而迪拜计划在市内打造一个"火星城"，来预先模拟在火星上生活的情景。

▶ 来自火星的微笑

美国航空航天局的一枚环绕卫星在火星上拍到一张奇特的"笑脸"。这张直径3千米的"笑脸"出现在一个陨石坑中，如同火星生命正对着观察者微笑。其实，这只是地貌特征造成的巧合。

▶ 风火轮一样的太空家园

科学家一直梦想能在宇宙中建造一座移动城市，相信在不久的将来就会实现。未来太空城的外观可能是圆环形的巨大车轮，圆筒的内壁是城市的地面，人们无论站在哪儿，头顶都正好对着圆筒的中轴线。

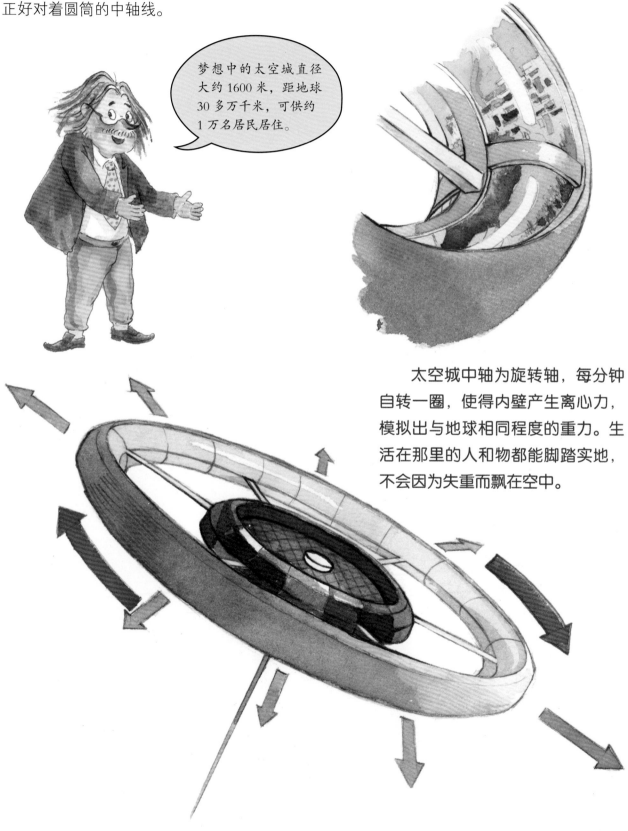

梦想中的太空城直径大约 1600 米，距地球 30 多万千米，可供约 1 万名居民居住。

太空城中轴为旋转轴，每分钟自转一圈，使得内壁产生离心力，模拟出与地球相同程度的重力。生活在那里的人和物都能脚踏实地，不会因为失重而飘在空中。

为了早日实现在太空城大量种植植物的目标，科学家在空间站不断进行着植物培育的各种实验。

太空城并不是一个放大的空间站，主要区别在于太空城的食物与生活物品能够自给自足。目前空间站上的生活必需品和食物都是依靠航天飞机每三个月从地面运输补给一次，而太空城作为宇宙移民点，其中留有土地，可以自己栽种粮食和生产生活物品。

▶ 穿越云霄的宇宙天梯

人类探索太空已经五十多年了，仍然使用火箭发射航天飞机。科学家试图研制出更廉价、可反复使用的航天运输设备，比如用一架太空电梯运载宇航员直达宇宙空间。

天梯采用索式结构，巨大的钢索从地表一直延伸到地球的静止轨道，利用地球自转保持拉紧状态。驾驶舱沿着钢索上升，这种钢索要运用的新材料还没研发成功，那必须是很轻、很结实的材料。

坐电梯就能直达宇宙，真想成为太空游客啊。

▶ 到星际放风筝

科学家从地球上的帆船中得到灵感，制作了利用太阳能的太阳帆航天器。足量的阳光照射会产生一定的压力，"星际风筝"的反光金属箔接收到这种压力，就会被不断地推动前行。

第一个在宇宙中展开的太阳帆是日本的"伊卡洛斯"号，帆长20米，帆的厚度只有薄薄的0.0075毫米。

▶ 庞然大物——世代星舰

苍茫的太空几乎无边无垠，星系之间的距离异常遥远。科学家猜想：只有制造世代星舰才能让人类翱翔宇宙。星舰的初代船员是地球上土生土长的宇航员，他们的儿孙继续祖辈的航行，经历几代以后，也许才能跨越星际。

这种航天器航行到一定距离以后，可以说是与地球完全隔绝。对于出生在星舰上的航行者，星舰就是另一个世界的家园。所以星舰必须是巨大而完善的，能够满足航行者所有的生存条件，航行燃料能自给自足。

宇宙真是太大了！

▶ 恒星也是宇宙飞船

科学家曾设想，在未来会捕获恒星，并在其周围建造千万个轨道器，以形成一种以恒星为圆心的球壳飞行器。这种飞行器可供人类在上面生活，其高速飞行的能源就是收集自恒星辐射出来的源源不断的能量。

第 **4** 节 宇宙中的极致美景

▶ 失重的"魔法水火球"

在失重环境里，水无法向下流，液体呈球状自由漂浮在机舱里。宇航员要特别注意不让水珠四处乱飘。如果水珠进入仪器里，就会弄湿电子元件，造成仪器短路。

太空舱里的火焰也是球形的。在失重环境里，没有空气对流，点燃蜡烛后只能在短暂的瞬间看到球形火焰，耗尽烛芯周围的氧气后蜡烛就熄灭了。只有在蜡烛周围不断地扇动空气，蜡烛才有可能会持续燃烧。

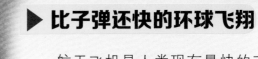

▶ 比子弹还快的环球飞翔

　　航天飞机是人类现有最快的飞行器，轨道航行速度平均每秒 8 千米，最高可达每小时 27 200 千米，比步枪射出的子弹速度还快 10 倍。但是由于距离地球较远，而且周围没有参照物，这样的速度宇航员是不易察觉的。

器 扫码领取

● 科学实验室
● 科学小知识
● 科学展示圈
● 每日阅读打卡

▶ 我欲伸手摘星辰

如果位置合适，宇航员经常能够看见在舷窗闪现的银辉，这就是人造卫星了。这些光来自它们的金属外壳或太阳能电池板，其实就是反射的太阳光，在黑漆漆的宇宙里特别显眼。

▶ 白日观星不是梦

天狼星是航天飞机在航行轨道上能观察到的全天候恒星。白天，当太阳照射在地球的云层、海面时，反射给航天飞机的光非常强烈，一些距离遥远的暗淡恒星就悄悄"隐身"了。除了天狼星，白天能够看见的还有较亮的金星、木星和土星。

在太空中有的卫星肉眼可见，会让人觉得伸手就能够到了。

▶ 天上的星星不"眨眼"

　　在地球上看到的星星会"眨眼",但是在航天飞机里看到的星星并不会,像是天空打开了无数明灯。这是因为太空中没有大气的屈光作用,其他光的干扰基本不存在。也正是因为如此,宇航员在太空能看到更多星星,甚至能真切地看到乳白色的银河。

　　在视野能见度好的时候,人们会发现原来星星是有不同颜色的。宇航员在太空里能更清楚地看到那些橘红色、红色、蓝白色的星星。不同的颜色取决于星球表面的温度,发蓝光的星星温度高,发红光的正好相反。

▶ 流星与极光大变样

流星雨多发生在海拔 50 ～ 80 千米高度，它是陨石或者碎片在大气层中与空气摩擦燃烧而产生的一种现象。而航天飞机的飞行高度远远大于这个高度，所以宇航员可以俯视流星雨。这样绝佳的视野，使得他们看到流星的机会也要比地球上的人多得多。

当航天飞机经过地球北极附近的轨道时，可以有机会看到北极光，那是绝美的壮观景象。在脚下的天空中，极光会呈绿黄色或淡红色，像一块毛茸茸的、不断变化的帘幕。

▶ 大月亮、小月亮

　　飞到高空，离月球近了，那么月球看起来会比较大吗？航天飞机的飞行高度约384千米，可月亮距地球约384 000千米。航天飞机与月亮之间的距离也一样非常遥远，所以，在航天飞机里看到的月亮和在地球上看到的月亮几乎是没有区别的。

月亮远点儿没关系，只要月饼离我近点儿就行。

▶ 在航天飞机上"登"长城

　　在航天飞机里，确实能看到中国的万里长城，看起来像是地球上的一条小曲线。除了长城，宇航员也能看到其他的人造标志物。比如巨型建筑物、大片的城市等。特别是到了夜晚，城市的灯火就像火山熔岩一样蔓延。

▶ 原来你是这样的太阳

航天飞机中能看到的太阳是白色的，且光线更猛烈，完全不可直视，而在地球上看到的太阳是稍微泛黄的。航天飞机上除了为做实验而专门设置的窗户外，其他的玻璃窗几乎都加有紫外线过滤装置，这是为了保护宇航员的眼睛不被紫外线伤害。

我有一个好主意，让宇航员都戴上墨镜不就好了。

▶ 最美的日出

宇航员都声称，在航天器上看到的日出是最美的。400 千米之下的地球像一颗飘浮在宇宙中的蓝色弹珠，金色的太阳带着光线从大气层中斜照过来，一道金色的弧线围绕地球的蓝色"外壳"，慢慢铺满小半个地球，这真是无比奇妙的景象。

太空中的紫外线可不是区区墨镜能够遮挡的！

第 **5** 节　宇宙之旅大备战

▶ 集体"呕吐"的晕机训练

太空没有引力，为了训练宇航员适应失重状态，美国宇航局用一架旧波音客机在类似云霄飞车的轨道上迅速垂直下滑和上升，这架旧波音客机被人们称为"呕吐彗星"。

客机在轨道上下滑时，机上的一切都处在失重的状态，宇航员会真正地感受到自由飘浮；当机头突然上升时，他们又会被重力压得紧贴舱壁。这样来回折腾几小时，大家都会因为"晕机"而呕吐不停。

▶ 水下的漂浮游戏

在美国宇航局有一个全世界最大的太空操作模拟池，其实就是一个超级大的泳池。宇航员将太空操作器械都放在水底，进行失重的模拟训练。宇航员在水中活动与在太空里活动的状态相仿，身体会朝着人们发力的反方向运动。

正因如此，水下的训练便成了实践太空行走之前最好的准备方式。这种训练还有助于宇航员熟悉如何穿着笨重的宇航服工作。

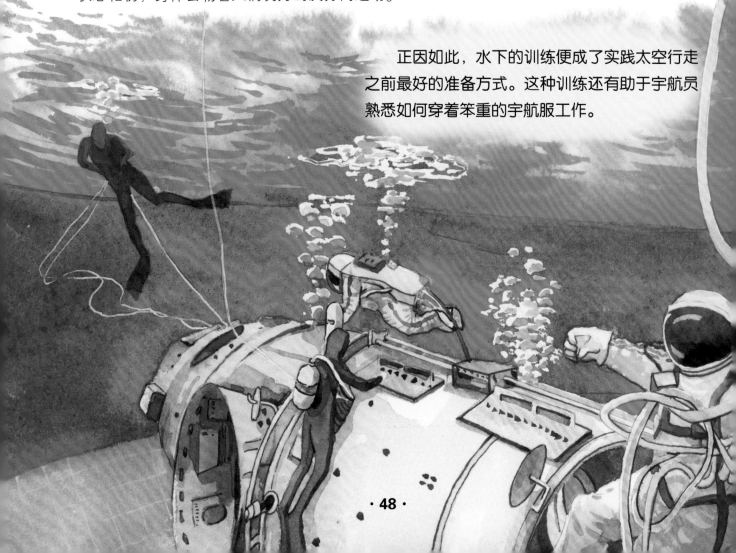

▶ 旋转臂挑战离心力

坐海盗船时，身体会随着船体摆动而产生一种紧紧被压在座椅上的感觉，这就是离心力在作祟。宇航局给宇航员准备了一根巨大的旋转臂，旋转臂快速转动并产生离心力，让宇航员好好体验了一把海盗船的乐趣。

> 新入选的宇航员都要借助空军的同类设施进行训练，以适应航天飞机上各种失重的情况。

> 救命！我怕黑！

▶ 黑漆漆的幽闭恐惧测试

选拔宇航员的时候，要做一些特殊的测试，幽闭恐惧测试就是其一。面试官会要求应征者在一个没有窗户、漆黑一片的救生球里独自待上 20 分钟。受测试者的手表被收掉，失去了时间的概念，静静蜷缩在球体里。那情形确实令人感到恐怖。值得庆幸的是，绝大多数人都能通过测试。

▶ 宇航员个个是医生

不是每次太空任务都会有医生随行，所以宇航员必须经过专门的医疗培训。起码在自己或者队友发生小病小伤的时候，能够对症下药。机上也会配备简单的治疗操作指南。航空旅程价格不菲，每次耗资都超过 10 亿美元，可不能因为某位宇航员拉肚子或者看牙医就返航。

我最擅长拔牙了。

你就别吹牛了。

有趣的是，不少宇航员都会用水果来练习给同事打针。

▶ 绝地求生的特殊技艺

在上太空之前，宇航员还需要到各种恶劣的环境中体验极限生存。也许是猛兽出没的丛林，也许是昼夜温差极大的沙漠，这得取决于航天器回航时的降落点。

▶ 遇到外星人如何打招呼

事实上，自从人类能够到达太空，就从未停止寻找外星生命的脚步，从20世纪70年代"旅行者一号"带着地球信号向太空进发起，到如今在火星发现水源。然而我们对宇宙探索只是处于起步的阶段，在茫茫太空中尚未得到回应，所以宇航员并没有这样的训练项目。如果真的遇到了不明飞行物，大概会开心地说句"你好"吧。

我看见了外星人肯定会说："Nice to meet you."

那是外星人，又不是外国人！

▶ 千万别搭理外星人

英国著名天体物理学家斯蒂芬·威廉·霍金认为，外星生命可能真实存在。但是对方的生物形态和科技发展未必与我们相同，在它们的眼中，我们可能和细菌差不多。所以，与外星人接触会给人类带来危险，人类甚至有可能被征服与殖民。

▶ 登机前的"豪华套餐"

宇航员会在发射当天大吃一顿吗？这显然不太可能。在紧张的心情下，许多人根本就食不下咽。特别是第一次升空的宇航员，为了避免出现呕吐的太空反应，连水都不敢多喝。要知道，在升空期间躺着小便可不是愉快的体验。

不吃东西？我可受不了。

原来"豪华套餐"就是不吃东西啊。

某些经验老到的宇航员从发射的前一天晚上就开始想办法让自己"排水"，最好的做法是慢跑或做体操。哪怕要开餐，也会尽量选"安全"的食物进食，并控制数量。

　　为了保障升空的安全，宇航局对宇航员携带的物品会进行严格的筛查。携带物品的总数量不能超过 30 件。私人物品一般是结婚戒指、家庭照片、宗教用品等。官方物品是替有关组织携带的，比如学校的校旗、博物馆的展品、家乡的地方志等。

我国"神舟九号"登空时，还为宇航员准备了一些传统的中医保健药呢。

　　每一次登空的机会都非常珍贵，所以具有升值性质的物品是严禁携带的，比如硬币和邮票。"阿波罗号"的宇航员曾带了邮票上太空，后来靠拍卖这些"太空邮票"大发横财。而航天不是假公济私、借机发财的工具，所以从那时开始，一些敏感物品就禁止带上太空了。

▶ 神秘的"白屋"是第一道关卡

　　航天飞机的入口处俗称"白屋"，这是登上航天飞机的第一道关卡。将它涂成白色是为了方便清洁。这里有专门的工作人员帮宇航员系上降落伞、救生袋、充气头盔和腰垫等装备。腰垫是充气式的，系上它是为了让宇航员在坐着等待发射的几个小时中腰部能好受些。

宇航员就是从这里进入航天飞机的。

▶ "负重前行"只为登空

　　登空前，宇航员要把总重约37.5千克的穿戴和装备加在身上，一点儿也不轻松。如果是身材娇小的女宇航员，相当于背上一个与自己相等体重的人了，而且一旦遇上紧急情况，他们是没办法丢下负重逃生的。

▶ 宇航员会尿裤子

　　登上航天飞机之前，宇航员穿上身的第一件东西是尿布，不过它们一般被称为"尿液收集装置"。这些装置都是用刺钩式的尼龙粘条系在腰上的。像婴儿一样包尿布也是无奈之举，要知道，等待发射和升空期间你可没法去厕所。

火箭准备发射时可不能再去厕所了。

尿布是为了宇航员在等待期间尿急而准备的。

▶ "匍匐前进"的登机方式

　　穿戴完毕，就可以进入机舱各就各位了。入口设立在航天飞机的中舱左侧，直径只有1米多。要进去只能蹲着挪进去，或者匍匐着爬进去。

▶ 宇航时尚 T 台秀

宇航员出舱作业时要穿舱外航天服，即进行太空行走时穿的"服装"。舱外航天服一件至少 120 千克，幸好在太空中感受不到重量。在航天飞机舱内穿的航天服分量会轻一点儿，叫作舱内压力救生服，大约 10 千克。

这里说的"好看"，是易于看见的意思。

这个宇航服比我还重呢。

▶ 白色的宇航服最"好看"

宇宙中颜色最广的光谱范围是白色，白色的宇航服具有较好的反辐射功能，还能有效降低热辐射率。宇航员穿上白色的宇航服可以避免被太阳光灼伤，而且白色的衣服在黑色的宇宙中是特别醒目的。

一点儿也不舒服，重力加压力会像一座山一样压着宇航员。

躺着上天，那可真舒服！

▶ 躺在航天飞机里一飞冲天

当航天飞机升空时，会产生几倍于地球的重力加速度，宇航员将承受自己体重的数倍重量，这个重量是很大的。为了保护下肢，宇航员必须采取横卧的姿势，将重量分散掉。此时后舱的仪表板就在他们的脚下。为了保护仪表板，会临时安上一个遮盖的踏板。

▶ 天旋地转，再无天地

在航天飞机里没有上与下的概念，宇航员可以摆出任何姿势，而且只要轻轻用力，就能飞过整个机舱。但是一些在地球上轻易就能做到的事情，在这里可能要多费十倍的劲。比如在地球上 1 分钟就能拧好螺丝，在这里可能得 10 多分钟。因为在工作的过程中，螺丝、螺丝刀都有飞走的可能。

宇航员偶尔会恶心和背痛，适应失重环境一般来说需要三天。

如果在失重的环境里吐了，那呕吐物岂不是飘得到处都是？

在宇航员进入失重环境之初，面部会肿胀，整个上半身扩大了一圈，这是由于过分的水合作用，使得体内的血液涌向上半身。他们只能等待身体自己调整水合作用，以适应失重环境。

▶让人口水直流的太空美食

宇航员的口粮现在越来越丰富，荤素搭配得宜，其中最多的是可以立即食用的速食食品，比如烤肉、面条、肉丸和肉排等。大鱼大肉吃腻了，可以配点脱水蔬菜和水果。餐后甜点不妨来一罐布丁，糖果点心和花生酱三明治的味道也相当不错。

元宇宙图书时代已到来
快来加入XR科学世界！
见此图标 微信扫码

这些食物都装在挤压包装袋里。

磁性让刀叉再也飘不走了，这桌子真"聪明"！

▶太空中的聪明桌

太空中的托盘、餐桌是特制的，它并非具有什么高科技的元素，只不过是比一般的桌椅多了磁性。在失重的环境中，所有物品都会满天飞，能吸住铁质叉、勺、碗、盘等餐具的桌子是进餐利器。

小桌板上还会设置冷却器和加热器，以便保持饭菜恒温可口。脱水食品的塑料盒嵌在小餐桌的凹槽里，即食的食品可以用托盘一角的钢夹夹住。

▶ 在太空中吃饭要练就绝技

在地球上吃顿饭轻轻松松，在太空中却变得困难重重。宇航员得熟记每一个步骤：就餐前先把脚插进地板的卡带，把身体绑在座椅上，以免飘动；然后用剪子剪开盒盖或保鲜膜的一部分，把食物挤压进嘴里。如果需要用到叉子或者勺子，就得全神贯注，不然食物就会悄悄地"飞走"，还得用手或勺子把它们"捕捉"回来。

多数太空食物会比较黏稠，宇航员的动作必须缓慢而仔细。

细嚼慢咽身体好。

▶ 太空厨师怎么加工食物

如果你想给口味淡点的牛肉加点盐，那航天飞机的厨房里配备的只有盐水。辣椒水、盐水和糖水都装在像眼药水瓶一样的挤压瓶里，用的时候挤到食物上就可以了。如果在太空用粉末状的调味料会变成用餐事故，失重环境下粉末会到处飞散。万一是胡椒粉，整个机组人员大概都会狂打喷嚏。

▶ 不是梦见自己飞起来，而是真的飞着睡

　　劳累了一天，真想睡个好觉。这时宇航员会随便找个地方，安置好自己的睡袋，钻进去好好休息一下。这种特制睡袋是将一个带有拉链的薄袋固定在一块硬垫上，然后挂上床。事实上，宇航员在睡觉时是和睡袋一起在空中飘浮着的，不能翻身，也不会落枕，使得人快速入眠的重力感觉是不存在的。

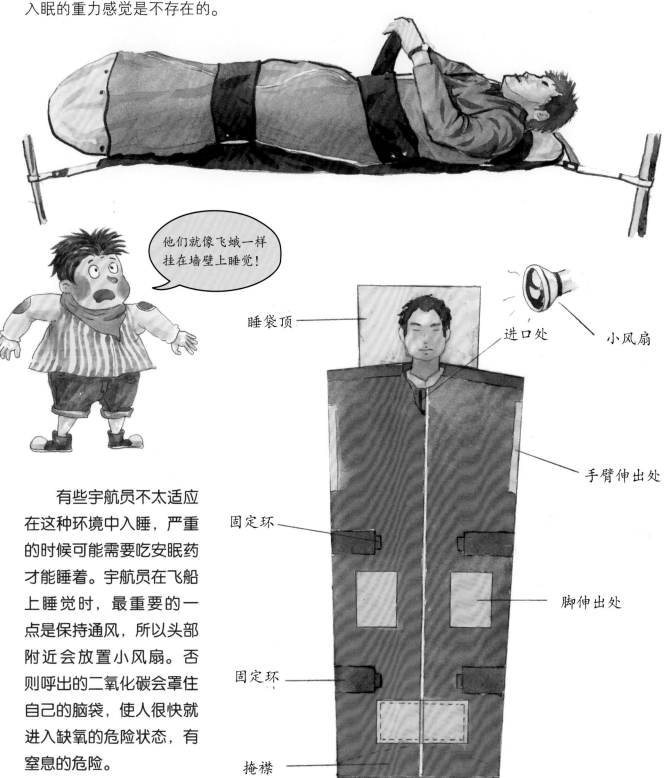

他们就像飞蛾一样挂在墙壁上睡觉！

睡袋顶

进口处

小风扇

手臂伸出处

固定环

脚伸出处

固定环

掩襟

　　有些宇航员不太适应在这种环境中入睡，严重的时候可能需要吃安眠药才能睡着。宇航员在飞船上睡觉时，最重要的一点是保持通风，所以头部附近会放置小风扇。否则呼出的二氧化碳会罩住自己的脑袋，使人很快就进入缺氧的危险状态，有窒息的危险。

▶ 三周不洗澡也不发臭

对于习惯每天都洗澡的人而言，最难受的无疑是忽然一星期甚至两星期都洗不成澡。水在太空非常珍贵，宇航员只能擦澡。在航天飞机里有废弃物卫生舱，大小和电话亭差不多，宇航员可以在这里用湿毛巾或者海绵来稍微清洁一下身体。

最受宇航员欢迎的是俄罗斯一款自带杀菌浴液的毛巾。

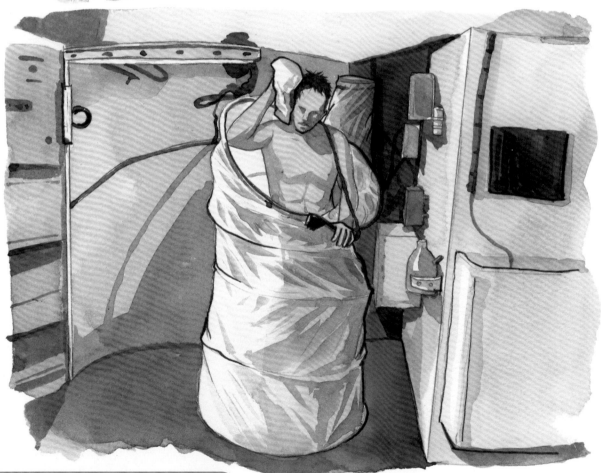

▶ 神奇的粉末洗发液

头发脏了难道也用湿毛巾擦吗？别慌，宇航员有特制的免冲型洗发液。这种洗发液只要挤出来搓到头上，就会在失重的状态下变为微小的颗粒，带走头上的油污，洗完只要用毛巾擦一擦就能清除掉洗发液了。

▶ 用火烧的洗衣技法

宇航员每天都要锻炼两小时，也是会出汗的。既然不能大量用水，那衣服脏了怎么办呢？他们会直接把脏衣服扔到太空里，让它们被地球的大气层烧光。带任何物品上太空，费用都很昂贵，所以宇航员不可能带大量的衣服更换。通常一件衣服他们要穿许多次，而且还不能清洗。幸好太空舱的卫生条件相当不错，没有灰尘和油污的存在，所以衣服可以在长时间内维持很干净的状态。

一些在空间站里生活了半年的宇航员，总共只换了三条裤子和四件衬衫。

▶ 太空中的跑步健将

　　宇航员在航天飞机和空间站中依然每天坚持两小时的锻炼，因为锻炼能够抵抗失重引起的骨质疏松和肌肉萎缩。特制的太空跑步机装有绳缆，可以把宇航员固定在一个较小幅度的飘浮范围，尽可能地模拟地球上的跑步环境。

固定绳缆

▶ 想增高，请上太空

　　太空之旅会让宇航员一般会长高 2–3 厘米，这是因为在地面上时，脊柱会因重力而被压缩。当处在失重的太空中时，脊椎间的空隙会自然扩张，骨骼间起缓冲作用的椎间盘在失重环境下都各自长了 1 毫米左右。

长个子是因为拉伸了脊柱，所以有的人会出现腰背疼痛的症状。

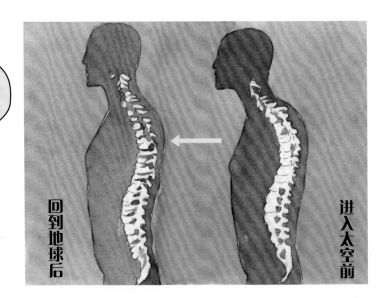

回到地球后

进入太空前

看来长高也不好受。

▶ 消磨时间的太空游戏

　　宇航员会按自己的喜好打发空闲时间，大多数人喜欢观赏窗外的美景，有的爱用随身听欣赏音乐，或者用电脑给家人发邮件。绝大多数宇航员在刚进入太空时，都会专注地眺望宇宙和地球，看完还会用抹布清理自己的鼻子印在玻璃窗上的印痕。

我可是玩纸飞机的行家。

▶ 宇宙纸飞机大赛

　　在空间站，玩纸飞机是一个传统的游戏项目，得到了众多宇航员的青睐。在航天飞机里放飞纸飞机跟在地球上大有不同。在失重的环境下，纸飞机会不断地上升飞翔，完全不会往下掉。一架纸飞机可以让大家玩耍许久。

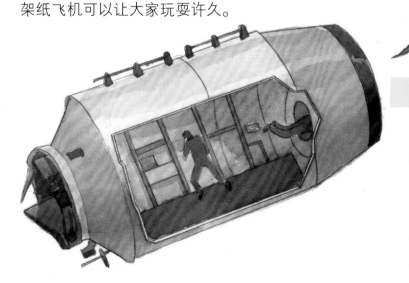

▶ 酷炫的太空"娱乐站"

　　"天宫一号"给宇航员专门提供了娱乐笔记本电脑，在工作之余可以休闲娱乐一下。用电脑来播放自己喜爱的影片、看书和听音乐都没问题，甚至可以在兴致来了的时候打两把游戏。

▶ 不穿鞋子的空间旅行者

宇航员在舱内活动是不穿鞋子的，因为在失重环境里根本不存在走路的问题，只会增加鞋子飘走让人去追的烦恼。宇航员都只穿袜子，袜子外面会涂一层橡胶，当脚接触到冷冰冰的金属时会感到更舒适。

▶ 你试过反长茧子吗

长期在空间站工作的宇航员，脚底的皮肤会越来越光滑细腻。但是他们的脚背却磨出了厚厚的茧子，这是因为他们工作时必须用脚勾住脚限制器。

▶ "砰!"在太空中消灭臭屁

屁中含有 21% 的氢和 7% 的甲烷,如果浓度过高,在密闭的舱内点燃可能会引起爆炸,所以太空餐的设计会尽可能地让宇航员减少胃胀气,减少放屁的量。当然,屁是憋不住的,想放屁的时候去厕所,或是找个没人的地方,这是一种礼节,也会减少安全隐患。

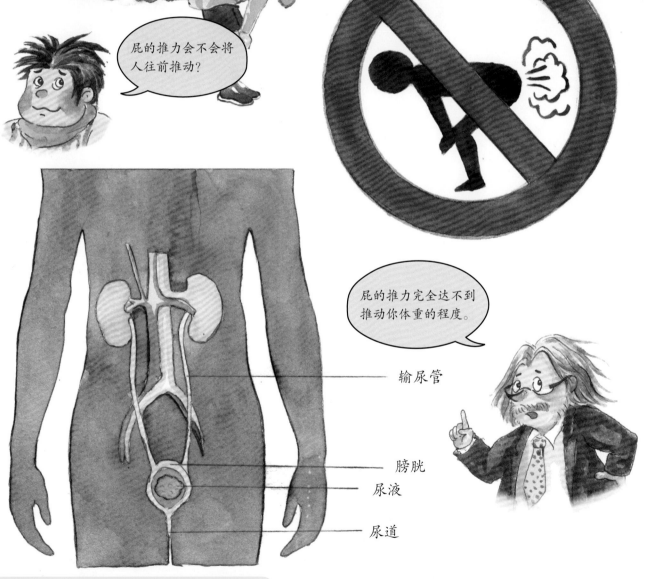

屁的推力会不会将人往前推动?

屁的推力完全达不到推动你体重的程度。

输尿管

膀胱

尿液

尿道

▶ 宇航员有可能集体尿裤子

在地球训练时,就会要求宇航员养成每两小时去厕所方便一下的习惯。这是由于在失重的状态下,膀胱里的液体也是飘浮着的,没有压力,所以失去了尿急感。如果不定时上厕所,那就会有尿裤子的可能。

▶ 尿尿等于瞄准射击

为了不让尿液四处飞溅，太空便桶上特设了一根真空吸尿管，宇航员每次上厕所都得对准管子，管子直通贮尿箱。贮尿箱满了之后需要到太空中去倒掉或者回收利用，每次倒尿都像拍一次科幻片，太空中极低的气温能够把尿液迅速冻成闪闪发光的晶体。

小便收集器

大便收集器

贮尿箱

曾经有人把尿液晶体误认为是UFO。

▶ 上个厕所要出动"脚铐"

在失重环境里，宇航员根本就不可能能在任何东西上坐稳，所以航天飞机的便桶两侧各有一个把手，下面会有两个"脚铐"。我们可以设想，上厕所时，宇航员慢悠悠飘到便桶上方，靠近以后将双脚插入像脚铐一样的固定带中，才能方便瞄准。

▶ 是太空马桶，不是吸尘机

对于宇航员来说，排便得学会操作太空马桶。马桶的中央有个直径约10厘米的真空管道，管口覆盖活动盖板，周围有一圈小吸孔。

上厕所时，宇航员得手握便桶右侧的银柄控制杆来开合吸孔和盖板。控制杆朝前推，会打开盖板和吸孔，排泄物便会瞬间被吸走；排便完毕后拉回控制杆，管口会自动关闭，排泄物就被隔绝在储藏器里了。

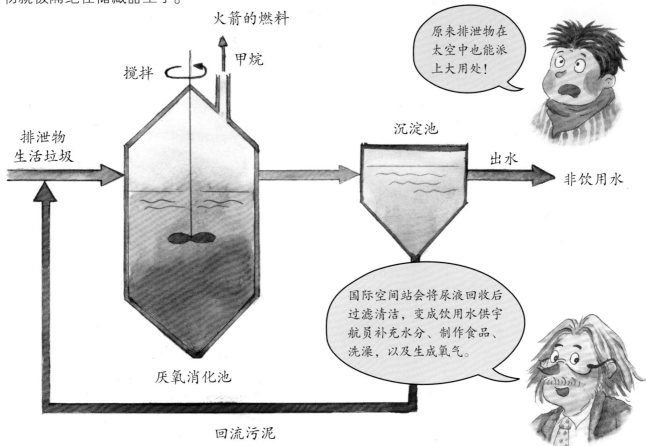

火箭的燃料

甲烷

搅拌

原来排泄物在太空中也能派上大用处！

排泄物
生活垃圾

沉淀池

出水

非饮用水

厌氧消化池

国际空间站会将尿液回收后过滤清洁，变成饮用水供宇航员补充水分、制作食品、洗澡，以及生成氧气。

回流污泥

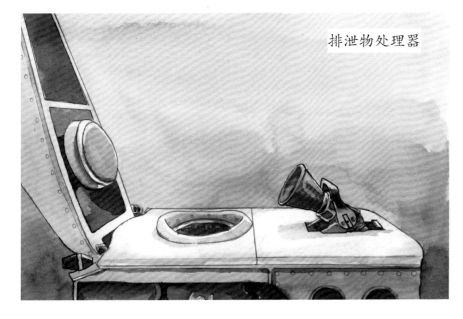

排泄物处理器

幸运的是，宇航员的排泄物，再也不用焚化处理了。生物工程学家研制出了一种崭新的厌氧消化池，能够将人类排泄物变成甲烷，成为火箭的燃料。厌氧消化池还可以把生活垃圾分解成非饮用水，再把水转化为宇航员的呼吸备用氧。

▶ 摩登的太空漫步

　　每次太空行走的准备工作耗时长达数小时，在进入气囊前，宇航员还要吸纯氧 40 分钟来防止高空病。受这些条件限制，一般每个机组只配备两名接受过专门训练的宇航员去执行行走任务，所以接到任务的宇航员都会非常珍惜这个难得的机会。

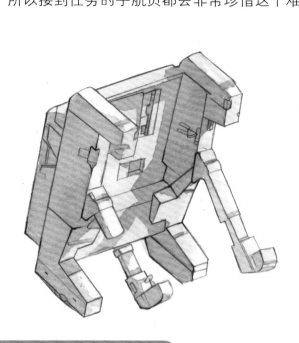

▶ 第一次太空行走的勇士

　　人类的第一次太空行走是在 1965 年 3 月 18 日，当时由苏联发射的"上升二号"飞船，载着别列亚耶夫和阿列克谢·列昂诺夫，完成了世界航天史上的首次太空行走。

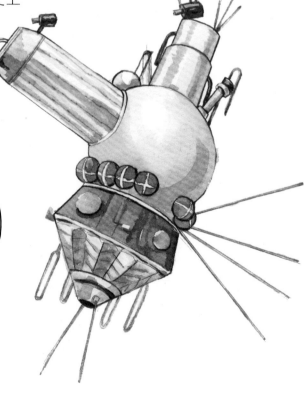

在高空中因空气稀薄导致血液及组织缺氧，产生头痛、倦怠、心悸、鼻出血、恶心等不良反应，这就是高空病。

▶ 穿越火焰的"失联"四分钟

　　以前的返回舱高速回归地球进入大气层时，会在距地面约 120 千米高处与大气摩擦起火，熊熊燃烧的火焰将整个返回舱吞没。舱体外表温度高达 1 000 ~ 2 000℃，周围空气温度可达 3 000℃。人们称这段距离为可怕的黑障区。

这是一个短暂而惊心动魄的过程，人称"恐怖4分钟"。

⊞扫码领取

⊙科学实验室　⊙科学小知识
⊙科学展示圈　⊙每日阅读打卡

　　温度过高的空气会产生电离现象，隔绝了无线电波，返回舱与地面的无线电信号被中断了。宇航员在这几分钟是孤立无援的，只能通过舷窗目睹返回舱的防热层不断燃烧，异常惊险刺激。

　　技术进步以后，黑障区被压缩、限制在返回舱的腹部这一范围内，其上方仍可输出和接收无线电信号，地面指挥中心可以随时通过同步通信卫星与航天飞机保持着联络。

▶ 返航让大家都变成了"水袋子"

在回航时，被气囊束缚的宇航员会感到巨大的压力，压力从腹部贯穿后背，腹腔发胀。这股压力作用的方向与宇航员的脊椎垂直，血液一下子涌向下半身，脑部的突然缺血使得宇航员面临昏迷的危险。

宇航员为了预防脱水，会在返航前饮用大量盐水，补充水分使血液的量得以增加，强制身体进入超水合作用的状态。在人的体细胞内部，理想的水分应该为 75% 左右，但当身体完全发生水合作用时，血液中含有约 94% 的水。

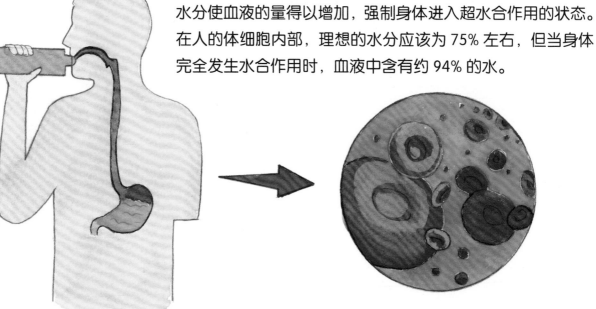

服用大量盐水　　　　　　　　　　　　　血量增加

▶ 不马上出舱可不是摆架子

返回仓着地之后，宇航员不是马上走出舱体。他们先要对照清单清理物品，然后等待地勤人员用特殊仪器探查有无有毒燃料泄漏。最后，宇航员离舱前需要活动一下多日不用的腿脚，以免站立的时候因脚发软而摔倒。

刚回到地球上的宇航员都会感到走路困难，还似乎失去了平衡感，走得磕磕绊绊的，一般需要好几天才能改善。

有的宇航员为了配合实验的需要，身上连接着观测仪，无法站立行走，要用担架抬下机舱。这样医生可以更仔细地观察他们的身体情况，以便取得更精确的数据。

★电池为什么不会电人

人体能导电，但只有很强的电流通过时，才会使人触电。普通电池流经人体的电流是非常弱的，人几乎没有太多感觉，所以不会对人体造成伤害。

○多吃蔬菜为什么有益健康

人要保持身体健康，除了吃馒头、米饭和肉、蛋类以外，还要多吃蔬菜。蔬菜里含有人们生长所需的蛋白质、糖以及丰富的维生素 C 等各种其他食物所缺乏的物质。

◆害怕时脸为什么会发白

人在生气、伤心、受到惊吓的时候，脸部的血管会收缩；在愉快、高兴或害羞的时候，脸部的血管扩张。血管扩张时，通过脸部的血液会增多，脸就会变红；血管收缩时，通过脸部的血液会减少，脸就会变白。

△牙为什么会不齐

牙不齐主要有遗传因素和环境因素。环境因素包括胎儿在母亲子宫内生长发育过程中受到的各种影响，以及出生后在生长发育过程中受到的影响。

■人转圈以后为什么会感觉天旋地转

当身体停止转圈后，内耳中仍然有保持打旋的小量流体，导致内耳底部细小的感觉细胞顺着旋转的方向弯曲，在这个过程中，使人觉得天旋地转。当这种现象停止后，纤毛感觉细胞重新竖立起来，就会恢复正常了。

◇为什么人的嘴唇是红色的

每个小朋友都有一张漂亮的脸，脸上有眼睛、鼻子、嘴。嘴唇的表皮很薄、非常柔软，而且是透明的，能看到嘴唇表皮里血的颜色，所以我们看到的嘴唇是红色的。

■为什么人的肚子里会长蛔虫

蛔虫卵经常混到泥土里、生水里，从而沾在蔬菜、瓜果等上面。如果小朋友吃饭前不洗手、喝生水或吃瓜果前不洗干净，蛔虫卵就会被吃进肚子里，人的肚子里就会长蛔虫了。

☆为什么眉毛长不长

这是因为眉毛的生长期只有五个月左右，生长期一停，它们就会脱落，之后再长出新的眉毛。所以人总感到眉毛长不长。

●为什么年纪大的人头发会变白

头发是由头发根制造出来的，在头发根里有一种专门制造黑颜色的细胞，叫黑色素细胞。当人们年纪大的时候，黑色素细胞生产的黑色素也越来越少，头发便逐渐变白了。